DB 23/T 2761—2020

目　次

前言 …… Ⅲ
1　范围 ……… 1
2　规范性引用文件 ……………………………………………………………………………………………… 1
3　术语及定义 …………………………………………………………………………………………………… 1
4　总则 ……… 2
　　4.1　目标与任务 …………………………………………………………………………………………… 2
　　4.2　调查区范围 …………………………………………………………………………………………… 2
　　4.3　调查部署原则 ………………………………………………………………………………………… 2
　　4.4　调查流程 ……………………………………………………………………………………………… 2
　　4.5　调查方法 ……………………………………………………………………………………………… 2
　　4.6　调查内容 ……………………………………………………………………………………………… 2
　　4.7　精度控制 ……………………………………………………………………………………………… 3
　　4.8　调查成果提交 ………………………………………………………………………………………… 3
5　资料收集 ……………………………………………………………………………………………………… 3
　　5.1　遥感影像 ……………………………………………………………………………………………… 3
　　5.2　已有成果资料 ………………………………………………………………………………………… 3
　　5.3　地形资料 ……………………………………………………………………………………………… 3
6　设计书编写 …………………………………………………………………………………………………… 3
　　6.1　设计书编写依据 ……………………………………………………………………………………… 3
　　6.2　设计书编写要求 ……………………………………………………………………………………… 4
　　6.3　设计书报批 …………………………………………………………………………………………… 4
7　遥感数据接收 ………………………………………………………………………………………………… 4
　　7.1　遥感影像质量控制 …………………………………………………………………………………… 4
　　7.2　遥感影像处理 ………………………………………………………………………………………… 4
8　野外踏勘与建立解译标志 …………………………………………………………………………………… 4
　　8.1　野外踏勘 ……………………………………………………………………………………………… 4
　　8.2　自然资源分类 ………………………………………………………………………………………… 5
　　8.3　建立解译标志 ………………………………………………………………………………………… 5
9　自然资源遥感解译 …………………………………………………………………………………………… 5
　　9.1　遥感解译原则 ………………………………………………………………………………………… 5
　　9.2　遥感解译精度 ………………………………………………………………………………………… 5
　　9.3　遥感解译方法 ………………………………………………………………………………………… 5
10　野外调查验证 ………………………………………………………………………………………………… 6
　　10.1　野外调查验证目的 …………………………………………………………………………………… 6
　　10.2　野外调查验证内容 …………………………………………………………………………………… 6

Ⅰ

10.3 野外调查验证方法 ·· 6
10.4 野外调查验证要求 ·· 6
11 成果图件编制 ··· 7
　11.1 数学基础 ··· 7
　11.2 地理底图选取 ··· 7
　11.3 成果图件制作 ··· 7
12 数据库建设 ·· 7
13 成果报告编写 ··· 7
14 成果评审验收 ··· 8
15 成果资料汇交 ··· 8
附录 A（资料性附录） 技术文档编写提纲 ··· 9
附录 B（规范性附录） 解译记录表 ·· 13
附录 C（规范性附录） 野外调查记录表 ·· 15
附录 D（资料性附录） 数据库入库格式参考表 ·· 17
参考文献 ·· 19

前 言

本标准按照GB/T 1.1-2009《标准化工作导则 第1部分:标准的结构和编写》给出的规则起草。

本标准由黑龙江省自然资源厅提出并归口。

本标准起草单位:黑龙江省自然资源调查院、东北林业大学、中国地质调查局哈尔滨自然资源综合调查中心。

本标准主要起草人:丁宇雪、初禹、李继红、周传芳、杨冬梅、高楠、姜侠、王少华、王文东、金晶泽、杨汉水、周向斌、穆晶、穆明、邓莎莎、郭令芬、毛龙、陈卓、薛广垠、张巍、王菲。

自然资源遥感综合调查技术要求(1∶10 000)

1 范围

本标准规定了1∶10 000自然资源遥感综合调查的资料收集、设计书编写、遥感数据接收、野外踏勘与建立解译标志、自然资源遥感解译、野外调查验证、成果图件编制、数据库建设、成果报告编写、成果评审验收、成果资料汇交。

本标准适用于黑龙江省1∶10 000自然资源遥感综合调查工作,其他比例尺的自然资源遥感调查工作亦可参照使用。

2 规范性引用文件

下列文件对于本文件的应用是必不可少的。凡是注日期的引用文件,仅注日期的版本适用于本文件。凡是不注日期的引用文件,其最新版本(包括所有的修改单)适用于本文件。

GB/T 15968　遥感影像平面图制作规范
DZ/T 0190　区域环境地质勘查遥感技术规定(1∶50 000)

3 术语及定义

下列术语和定义适用于本文件。

3.1

自然资源　territorial resources

自然资源是人类能够从自然界获取以满足其需要的任何天然生成物及作用于其上的人类活动结果。本标准适用于林地资源、草地资源、水资源、湿地资源、耕地资源、矿产资源,以下统称自然资源。

3.2

基准数据　base data

用于自然资源监测的第一期数据,也称为本底数据,是自然资源因子遥感动态监测的基础。

3.3

自然资源遥感综合调查　comprehensive survey of natural resources by remote sensing

以遥感技术为主要手段,调查某一地区自然资源因子的数量、质量、面积、分布状态和开发状况,提供资源清单、图件和评价报告,为资源的开发和生产布局提供基础数据的过程。

4 总则

4.1 目标与任务

1：10 000 自然资源遥感综合调查的目标与任务是：基于高分辨率遥感影像数据，利用遥感技术手段，定期或不定期地对自然资源因子的演变过程及其变量进行调查监测，研究其分布现状，总结其变化规律，开展综合研究与评价，为自然资源管理、生态环境保护、地方经济建设提供基础资料与决策依据。

4.2 调查区范围

应根据目标任务和实际工作需求确定。可按自然地理单元、行政区划、经济建设重点区、工程建设区、地质成矿区（带）、自然保护区、生态功能区和国际标准图幅等来确定。

4.3 调查部署原则

4.3.1 充分利用以往相关成果资料，掌握最新遥感影像数据资料，开展区域性自然资源因子综合调查，形成自然资源和生态环境综合研究成果。
4.3.2 充分利用遥感技术最新理论和方法，结合其应用特点和效果，开展调查与监测。
4.3.3 采用室内解译与野外调查验证有机结合的原则，确保成果质量和可信度。

4.4 调查流程

调查流程可分为资料收集、设计编写、遥感影像接收、初步解译、野外踏勘、详细解译、野外调查验证、综合解译、成果图件编制、数据库建设、成果报告编写、成果评审验收、成果资料汇交等。

4.5 调查方法

紧密围绕目标任务，在系统地分析和利用前人已有工作成果的基础上，以最新高分辨率遥感影像数据为基础，以多期次遥感影像数据为监测对比数据，充分发挥 3S 技术优势，采取室内解译与野外实地验证相结合的方式，开展区域性多要素 1：10 000 自然资源遥感综合调查。

4.6 调查内容

4.6.1 自然资源现状调查

基于最新高分辨率遥感影像数据，开展区域性自然资源因子分布现状遥感解译，形成自然资源现状基准数据。

4.6.2 自然资源遥感监测

基于多期次遥感影像数据，开展区域性自然资源因子变化信息遥感解译，形成自然资源监测数据，监测周期按实际需要可设定为 1 季度、半年、1 年……

4.7 精度控制

4.7.1 最小上图图斑

自然资源因子图上面积大于或等于 $4\ mm^2$ 的图斑可上图表示；对于河流、湖泊等在生态环境中具有特殊意义的图斑，其独立图斑面积大于或等于 $1\ mm^2$ 的可上图表示。线状地物长度大于或等于 $2\ cm$ 的可上图表示，上图水系宽度大于或等于 $0.5\ mm$ 的用双线表示，小于 $0.5\ mm$ 的用单线表示。对于小于以上系列标准的单个要素应做适当夸大表示，对图上规模小于该标准的密集分布的多个要素应做适当归并表示。

4.7.2 面积量算精度

应按照 DZ/T 0190 的规定执行。

4.8 调查成果提交

提交的成果资料应包括技术设计书、技术成果报告、成果报告附图和附表、遥感解译矢量数据、影像数据、野外验证数据、统计报表、设计审批意见、成果审查意见及其他相关资料，存储方式分为纸质和电子两种形式。

5 资料收集

5.1 遥感影像

遥感影像的空间分辨率应优于 $1\ m$，为了保证调查成果的可比性，同一地区不同期次的监测遥感影像宜保持接收时相一致。云雪覆盖大、缺失、空间分辨率不够等质量不满足要求的遥感影像，不可作为遥感解译数据源。

5.2 已有成果资料

调查工作开展之前，应充分收集前人工作所取得的成果资料，主要包括：
a) 区域行政区划、自然地理、地形地貌、土地覆被、水文气象、矿产、人口、经济等资料；
b) 自然资源调查、矿山地质环境调查、生态地质环境调查已取得成果资料；
c) 不同区域相关专业遥感综合调查成果资料。

5.3 地形资料

应收集比例尺为 1∶10 000 或大于 1∶10 000 最新版地形图，或相应比例尺的地形数据资料、高程数据资料。

6 设计书编写

6.1 设计书编写依据

设计书是开展调查工作的依据，应在充分收集和研究以往成果资料的基础上，由设计书编写单位根据任务书或合同书，以及相关技术标准与规范的要求编写。

6.2 设计书编写要求

设计书应依据充分，工作部署合理。所设计的工作内容、实物工作量、预期成果满足任务书或合同书要求，技术路线与工作方法清晰明确，组织管理到位，经费预算科目合理，可操作性强。表达内容应全面，文字精练、重点突出，附图、附表齐全规范。自然资源遥感综合调查(1∶10 000)设计书编写提纲可参见附录 A.1。

6.3 设计书报批

设计书应报上级主管部门或任务委托单位审查批准之后实施。

7 遥感数据接收

7.1 遥感影像质量控制

对接收到的遥感影像，应进行全面的质量检查，遥感影像的质量要求如下：
a) 遥感影像应层次丰富、纹理清晰、色调均匀、反差适中；
b) 遥感影像上的单景云雪量应小于5%；
c) 相邻影像之间应有10%以上的重叠度，特殊情况不少于2%；
d) 遥感影像应对调查区100%全覆盖；
e) 正射校正后影像的相对误差和重叠误差应满足表1的限差。

表 1 误差限差

单位为像素

限差类别	地形类别		
	平原	丘陵	中低山
相对误差限差	2	3	4
重叠误差限差	1	1	2

7.2 遥感影像处理

遥感影像处理应包括图像噪声处理、波段组合、图像融合、几何校正、图像镶嵌和图像增强等，方法应按照遥感影像平面图制作规范(GB/T 15968)的规定执行。

8 野外踏勘与建立解译标志

8.1 野外踏勘

野外踏勘应在遥感初步解译工作之后进行。目的是从整体上对工作区域进行概略性了解，感性认识其自然地理、地形地貌、植被覆盖、社会经济、交通状况等，对收集的相关资料进行必要的验证，对自然资源因子的分类构成和圈定规则进行实地核查，建立各类自然资源因子的遥感解译标志。野外踏勘的路线应贯穿主要自然资源因子类型。

8.2 自然资源分类

自然资源分类应与国家、行业、部门制定的分类标准相一致。

8.3 建立解译标志

基于遥感影像数据,根据自然资源的分类,选择典型地区,实地观察不同地区各类型自然资源因子与不同时相、不同类型遥感影像之间的对应关系。根据遥感影像上显示出的色调、形状、纹理结构、相关布局等影像特征,分别建立各类自然资源因子的遥感解译标志,为进一步开展室内详细解译提供依据。

9 自然资源遥感解译

9.1 遥感解译原则

自然资源因子类型复杂,在遥感解译过程中应遵循"先易后难、由点到面、分级分类逐步解译"的原则,各种分析判别方法有机结合、交错使用。解译时应参考自然资源、生态地质环境相关调查成果,并借助专业知识,必要时可使用多种遥感数据源进行综合分析,以提高解译的准确性。

9.2 遥感解译精度

采用优于 1 m 的空间分辨率影像,解译过程中应将影像放大至 1∶2 500 比例尺后进行解译。

9.3 遥感解译方法

9.3.1 初步解译

初步解译应在野外踏勘之前完成,为踏勘工作提供依据。根据建立的各类自然资源因子遥感解译标志,借助空间数据处理软件,选择调查区域代表性地域,采用较圆滑的曲线,精准勾绘不同类型、不同级别自然资源因子的空间范围,划分图层,添加属性。开展野外踏勘之后,还要对初步解译阶段建立的遥感解译标志进行修改和完善,以指导后期的详细解译工作。

9.3.2 详细解译

详细解译应在野外踏勘结束后、全面野外调查验证开始之前完成,是野外核查的重要资料依据。根据完善后的遥感解译标志,修改初步解译成果,总结经验,开展工作区全域各类自然资源因子边界的精准勾绘,进行准确的图层划分和属性录入并填写"解译记录表",记录内容应符合附录B。

9.3.3 综合解译

9.3.3.1 综合解译应在野外调查验证基本完成后进行。目的是结合野外调查验证结果,对详细解译成果进行修改与完善,形成最终的正确解译成果,为区域性自然资源遥感综合调查提供精准的矢量成果。

9.3.3.2 综合解译阶段应进行遥感解译成果与以往专业成果的对比分析,综合考虑自然地理、地形地貌、人文、经济等客观影响因素,各种判别方法有机结合,保证解译图斑的定性、定位正确,边界勾绘精准,图层划分无误,属性内容无错漏,综合解译成果应真实、客观地反映自然资源的现状与变化信息。

10 野外调查验证

10.1 野外调查验证目的

野外调查验证是自然资源遥感综合调查工作中不可缺少的重要工作过程,目的是对室内遥感解译成果的可靠性进行全面查证,核实疑问图斑,补充遗漏信息,修改错判结果,提高最终解译成果的质量和正确率。

10.2 野外调查验证内容

野外调查验证内容如下:
a) 自然资源因子分类划分的正确性;
b) 自然资源因子解译标志的可靠性;
c) 自然资源因子解译图斑的空间位置、形态圈定、边界范围勾绘的准确性;
d) 自然资源因子变化信息提取的正确性;
e) 解决室内解译中的疑点、难点。

10.3 野外调查验证方法

野外调查验证工作应采取点、线结合,区域控制,重点地区详细调查验证的方法。室内解译效果较好的地段主要以点验证为主;解译效果中等的地段布设具有一定代表性的路线进行验证;解译效果较差的地段、重点地区采用扫面方式详细验证,保证疑问图斑的野外调查验证率达到100%。

10.4 野外调查验证要求

野外调查验证图斑类型原则上要涵盖所有需调查自然资源因子大类。根据遥感影像的可解译程度、前人研究成果、交通和自然地理条件,综合考虑并确定需验证的图斑,一般对综合条件较差的地区、解译标志不明显的自然资源因子要加大抽样调查数量。

10.4.1 野外调查验证点、线路布设

野外调查验证点和路线的布设要求目的明确、针对性强。调查路线宜采用穿越法为主,追索路线为辅助的方式。下列区域均应布设验证点及路线:
a) 自然资源分类不明确的区域;
b) 自然资源间分布界线不清晰的区域;
c) 自然资源变化类型、变化范围不明确,存在疑问的区域;
d) 自然资源变化大(特别是受人类活动影响较大)的区域;
e) 解译成果与以往资料对比有较大差别的区域;
f) 解译中取得新发现、新认识的区域;
g) 生态环境评价中具有典型意义的区域;
h) 自然资源利用不合理、生态环境问题突出的区域;
i) 需要重点调查或采集样本的区域。

10.4.2 野外调查验证点定位

采用手持GPS地理坐标和微地貌相结合的方法定位,并配备照相机、手持测距仪等。所有仪器

均应严格按照使用说明书操作,并根据调查区域合理设定操作参数。

10.4.3 野外记录

每个野外调查验证点均应在验证过程中现场填写"野外调查记录表",并在调查结束后进行检查、补充与完善,记录内容要求全面、具体、准确无误,记录内容应符合附录C。

10.4.4 解译判对率

野外调查验证之后应进行室内解译信息后处理,即进一步完善室内解译成果,修改错判图斑、补充遗漏图斑、完善图斑勾绘边界与属性填写等。同时应对室内解译判对率进行统计,一般地区的自然资源因子解译判对率应达到95%以上,综合条件较差的地区可降低解译判对率到90%以上,解译效果较差的地区解译判对率也应大于85%。如解译判对率未达到要求,应及时提出修改意见,补充解译之后,重新进行野外调查验证。

11 成果图件编制

11.1 数学基础

11.1.1 成图比例尺为1:10 000。
11.1.2 坐标系统采用2000国家大地坐标系,高程系统采用1985国家高程基准。
11.1.3 地图投影方式采用高斯-克吕格投影,3度分带。

11.2 地理底图选取

地理底图应采用最新的地理要素底图,包含行政区划界线、城镇居民地、交通、水系、高程等信息。如收集到的地理底图部分要素与现状不一致,应以最新时相遥感影像作为参照进行修编。

11.3 成果图件制作

以编制好的1:10 000地理底图为底,叠置区域内经检查无误的最终解译矢量成果(点、线、面),进行全要素图形整饰后形成成果图。

12 数据库建设

自然资源遥感解译数据图层划分、属性数据结构参见附录D。

13 成果报告编写

成果报告、附图、附表是自然资源遥感综合调查的最终成果,应符合以下要求:
a) 成果报告应客观反映工作区域自然资源分布现状与变化的真实情况,重点阐述所采用的技术方法、完成的实物工作量、取得的成果,综合分析评价工作区域自然资源与生态环境现状及发展趋势,探索人类活动产生影响的程度,提出科学合理的对策建议;
b) 成果报告应文字精练、图文并茂、层次清晰、主体突出、各章节观点统一协调,体现出报告的综合性和逻辑性,附图、附表、附件齐全完整;
c) 附图应包括自然资源遥感调查图、自然资源遥感监测图和生态环境评价图;

d) 附表应包括自然资源现状统计报表、自然资源各期次监测统计报表；
e) 自然资源遥感综合调查（1∶10 000）成果报告编写提纲参见附录 A.2。

14 成果评审验收

14.1 成果验收应以批准的设计审批意见书为依据，着重对实物工作量完成情况、绩效目标达标程度、采用的技术方法、遥感影像质量、遥感解译精度与质量、取得成果等方面进行检查验收。

14.2 成果经评审验收后，应按专家意见逐条进行认真修改，由评审专家复核确认之后，上报项目下达部门予以审查认定。

15 成果资料汇交

项目取得成果及成果报告经审查验收合格后，应按相关要求及时进行成果资料汇交归档。

附 录 A
（资料性附录）
技术文档编写提纲

A.1 设计书编写提纲

A.1.1 第一章 绪言

A.1.1.1 第一节 项目基本情况

项目来源、项目承担单位、项目负责人、工作起止时间、工作目标与任务。

A.1.1.2 第二节 工作区概况

工作区位置、范围、自然地理、气候、交通、水域、社会经济概况。

A.1.1.3 第三节 实物工作量

依据任务书或合同书，确定实物工作量。

A.1.1.4 第四节 预期成果

预期成果应包含文字报告、统计报表、成果图件等。

A.1.2 第二章 已有工作基础

A.1.2.1 第一节 水文地质、环境地质工作程度

A.1.2.2 第二节 矿山地质环境调查程度

A.1.2.3 第三节 自然资源调查程度

A.1.2.4 第四节 以往成果评述

分析已有工作基础，提出存在问题，明确调查方向。

A.1.3 第三章 技术路线、工作方法与技术要求

A.1.3.1 第一节 技术路线

设计采用的技术方法和工作流程，附技术路线框图。

A.1.3.2 第二节 工作方法

逐条说明每个工作步骤设计采用的工作方法，可分为资料收集、遥感影像接收、建立解译标志、自然资源因子解译、野外调查验证、成果图件编制、成果综合整理与提交等。

A.1.3.3 第三节 技术要求

分别列出应执行的技术标准、应遵守的相关规范和要求。

A.1.4 第四章 工作部署及进度安排

A.1.4.1 第一节 工作部署

提出工作思路，明确工作部署原则，合理布局调查工作，附工作部署图。

A.1.4.2 第二节 进度安排

按月分解工作内容，列出工作计划。

A.1.4.3 第三节 绩效管理计划

明确绩效目标，合理设定产出指标、效益指标，附绩效目标申请表。

A.1.5 第五章 组织管理及保障措施

A.1.5.1 第一节 组织管理

组织机构、人员安排、管理方式及措施。

A.1.5.2 第二节 质量保障

三级质量管理体系运行监督机制、成果质量保障措施。

A.1.5.3 第三节 安全保密措施

安全生产、资料保密保障措施。

A.1.6 第六章 经费预算

根据项目类型准确选择预算类别，明确预算编制依据，详细列出各科目经费支出安排，附预算编制说明。

A.1.7 第七章 其他需要说明问题

A.2 成果报告编写提纲

A.2.1 第一章 绪言

A.2.1.1 第一节 项目概况

项目来源、项目承担单位、项目负责人、工作起止时间、工作目标与任务。

A.2.1.2 第二节 工作区概况

工作区位置、范围、自然地理、气候、交通、水域、社会经济概况；以往水文地质、环境地质、矿山地质环境及自然资源调查工作程度，分析已有工作基础，并提出存在问题。

A.2.1.3 第三节 工作完成情况

工作实际投入人员,所设计的工作内容、实物工作量、科技创新目标、绩效目标的完成情况。

A.2.1.4 第四节 经费执行情况

详细列出各科目经费支出数值、执行比率,说明剩余经费的使用情况,综合评述预算支出合理性,附第三方审计报告。

A.2.1.5 第五节 提交成果

提交成果的类型、名称、数量,应包含文字报告、统计报表、成果图件等,附图、附表齐全,满足任务书或合同书要求。

A.2.2 第二章 技术路线与工作方法

A.2.2.1 第一节 技术路线

所采用的技术方法和工作流程,附技术路线框图。

A.2.2.2 第二节 工作方法

逐条说明每个工作步骤所采用的工作方法,可分为资料收集、遥感影像接收、解译标志建立、自然资源因子遥感解译、野外调查验证、成果图件编制、成果综合整理及提交等。

A.2.2.3 第三节 技术要求

分别列出所执行的技术标准、遵守的相关规范和要求。

A.2.2.4 第四节 质量评述

对遥感影像、解译矢量成果、野外调查验证工作、成果图件、数据入库成果等的质量进行全面综合评述。

A.2.3 第三章 自然资源遥感现状调查

A.2.3.1 第一节 自然资源分布现状

分类统计各类自然资源因子图斑数量、周长、面积,简述自然资源因子分布现状,附自然资源现状统计简表、自然资源遥感调查图。

A.2.3.2 第二节 自然资源现状分析

综合分析研究工作区内自然资源分布特点及规律。

A.2.4 第四章 自然资源遥感动态监测

A.2.4.1 第一节 自然资源变化情况

分类统计各类自然资源因子图斑变化类型、变化数量、周长、面积,简述自然资源因子变化情况,附自然资源各期次监测统计简表、自然资源遥感监测图。

A.2.4.2 第二节 自然资源变化分析

综合研究工作区内自然资源变化情况,总结变化规律,分析引发变化原因。

A.2.5 第五章 生态地质环境评价

A.2.5.1 第一节 生态地质环境评价方法

说明选取的评价因子、确定的评价因子权重、使用的评价方法及运算过程。

A.2.5.2 第二节 生态地质环境评价结果

阐述评价结果,附生态环境评价图。

A.2.5.3 第三节 生态地质环境问题分析

综合分析工作区存在的生态地质环境问题,提出解决的对策与建议。

A.2.6 第六章 成果综合整理与提交

A.2.6.1 第一节 数据库建设

入库内容、图层划分、属性结构、字段设定与物理存储路径。

A.2.6.2 第二节 成果数据整理与提交

文件命名、数学基础、数据提交格式和存储介质。

A.2.7 第七章 结语

A.2.7.1 第一节 取得成果

自然资源遥感综合调查工作所解决的资源环境和基础地质问题,成果转化应用和有效服务,科学理论创新和技术方法进步,人才培养和团队建设以及其他进展与成果等。

A.2.7.2 第二节 存在问题与建议

总结工作存在问题,提出今后工作建议。

附 录 B
（规范性附录）
解译记录表

表 B.1 为自然资源遥感解译记录表。

表 B.1 自然资源遥感解译记录表

行政区划			
图斑编号		影像截图	
影像类型			
影像时相			
覆盖面积			
解译记录：		野外核查建议：	
检查项目	检查内容	存在问题	处理意见及修改结果
遥感数据	1.传感器分辨率 2.云量/雾霾情况 3.辐射校正情况 4.波段配准情况		
解译矢量	1.图斑解译精度、边界圈取准确性、圆滑程度 2.图斑类型判别正确性 3.各类解译图斑实体间拓扑关系 4.根据野外核查结果修改情况		
解译人：	检查人：	复核人：	日期： 年 月 日

DB 23/T 2761—2020

表 B.2 为自然资源遥感监测解译记录表。

表 B.2 自然资源遥感监测解译记录表

行政区划		图斑编号	
早期影像类型		晚期影像类型	
早期影像时相		晚期影像时相	
早期影像覆盖面积		晚期影像覆盖面积	
早期影像截图		晚期影像截图	
监测解译记录：		野外核查建议：	
检查项目	检查内容	存在问题	处理意见及修改结果
遥感数据	1.传感器分辨率 2.云量/雾霾情况 3.辐射校正情况 4.波段配准情况		
解译矢量	1.图斑解译精度、边界圈取准确性、圆滑程度 2.图斑类型判别正确性 3.各类解译图斑实体间拓扑关系 4.根据野外核查结果修改情况		
解译人：	检查人：	复核人：	日期：　年　月　日

附 录 C
（规范性附录）
野外调查记录表

表 C.1 为自然资源遥感解译野外调查记录表。

表 C.1 自然资源遥感解译野外调查记录表

点号：		时间： 年 月 日 时 分		天气：	
坐标	（ ）°（ ）'（ ）"E		点位		
	（ ）°（ ）'（ ）"N		点性		
高程	m		验证结果：□正确 □错误 □遗漏 □勾绘不准		
影像类型			照片编号		
影像时相			镜头指向		
遥感影像			野外照片		
描述：					
备注：					
调查人：		记录人：		检查人：	

表 C.2 为自然资源遥感监测野外调查记录表。

表 C.2 自然资源遥感监测野外调查记录表

点号:			时间: 年 月 日 时 分	天气:	
坐标		（ ）°（ ）'（ ）"E		点位	
		（ ）°（ ）'（ ）"N		点性	
高程		m		照片编号	
验证结果：□正确 □错误 □遗漏 □勾绘不准				镜头指向	
早期影像类型				晚期影像类型	
早期影像时相				晚期影像时相	
早期遥感影像				野外照片	
晚期遥感影像					
描述：					
备注：					
调查人：		记录人：		检查人：	

附 录 D
（资料性附录）
数据库入库格式参考表

表 D.1 为自然资源遥感解译数据图层划分表。

表 D.1 自然资源遥感解译数据图层划分表

序号	分类	图层类型	是否赋属性
1	林地资源	面	是
2	草地资源	面	是
3	水资源	面	是
		线	是
4	湿地资源	面	是
5	耕地资源	面	是
6	矿产资源	面	是

注：林地资源可分为针叶林、阔叶林、针阔叶混交林；草地资源可分为高覆盖草地、中覆盖草地、低覆盖草地；湿地资源可分为季节性湿地、水域类湿地、沼泽类湿地、人工湿地；矿产资源可分为矿产资源开发占地、矿产资源开发恢复治理土地。

表 D.2 为面状自然资源遥感解译图层属性数据结构表。

表 D.2 面状自然资源遥感解译图层属性数据结构表

字段名称	字段编码	数据类型	字符长度	必填	数据项描述
现状编码	XZTBBM	长整型	10	是	按工作需要制定规则，依次进行编码
分类	FL	字符串	20	是	自然资源分类类型名称，如耕地、林地……
分类编码	FLBM	字符串	4	是	对应以上分类类型的编码
图斑面积	TBMJ	双精度		是	单位为平方米（m²），精确到小数点后 2 位
图斑周长	TBZC	双精度		是	单位为米（m），精确到小数点后 2 位
备注	BZ	字符串	100	否	补充说明

表 D.3 为线状自然资源遥感解译图层属性数据结构表。

表 D.3 线状自然资源遥感解译图层属性数据结构表

字段名称	字段编码	数据类型	字符长度	必填	数据项描述
现状编码	XZTBBM	长整型	10	是	按工作需要制定规则，依次进行编码
分类	FL	字符串	20	是	自然资源分类类型名称，如耕地、林地……
分类编码	FLBM	字符串	4	是	对应以上分类类型的编码

表 D.3 线状自然资源遥感解译图层属性数据结构表(续)

字段名称	字段编码	数据类型	字符长度	必填	数据项描述
名称	BSMC	字符串	20	否	河流名称
图斑长度	TBCD	双精度		是	单位为米(m),精确到小数点后2位
图斑宽度	TBKD	双精度		否	平均宽度,单位为米(m),精确到整数
备注	BZ	字符串	100	否	补充说明

表 D.4 为面状自然资源遥感监测解译图层属性数据结构表。

表 D.4 面状自然资源遥感监测解译图层属性数据结构表

字段名称	字段编码	数据类型	字符长度	必填	数据项描述
变迁编码	BQTBBM	长整型	10	是	按工作需要制定规则,依次进行编码
起始分类	QSFL	字符串	20	是	自然资源因子变化前分类类型名称
起始编码	QSBM	字符串	4	是	自然资源因子变化前对应以上分类类型的编码
终止分类	ZZFL	字符串	20	是	自然资源因子变化后分类类型名称
终止编码	ZZBM	字符串	4	是	自然资源因子变化后对应以上分类类型的编码
图斑面积	TBMJ	双精度		是	单位为平方米(m^2),精确到小数点后2位
图斑周长	TBZC	双精度		是	单位为米(m),精确到小数点后2位
变迁类型	BQLX	字符串	10	是	自然资源因子的"稳定、增加、减少、新生、消亡"
备注	BZ	字符串	100	否	补充说明

表 D.5 为线状自然资源遥感监测解译图层属性数据结构表。

表 D.5 线状自然资源遥感监测解译图层属性数据结构表

字段名称	字段编码	数据类型	字符长度	必填	数据项描述
变迁编码	BQTBBM	长整型	10	是	按工作需要制定规则,依次进行编码
起始分类	QSFL	字符串	20	是	自然资源因子变化前分类类型名称
起始编码	QSBM	字符串	4	是	自然资源因子变化前对应以上分类类型的编码
终止分类	ZZFL	字符串	20	是	自然资源因子变化后分类类型名称
终止编码	ZZBM	字符串	4	是	自然资源因子变化后对应以上分类类型的编码
图斑长度	TBCD	双精度		是	单位为米(m),精确到小数点后2位
图斑宽度	TBKD	双精度		否	平均宽度,单位为米(m),精确到整数
变迁类型	BQLX	字符串	10	是	自然资源因子的"稳定、增加、减少、新生、消亡"
备注	BZ	字符串	100	否	补充说明

参 考 文 献

[1] DD 2004—02　区域环境地质调查总则(试行)
[2] DZ/T 0265—2014　遥感影像地图制作规范(1∶50 000/1∶250 000)
[3] DZ/T 0264—2014　遥感解译地质图制作规范(1∶250 000)
[4] DD 2011—03　遥感地质解译方法指南(1∶50 000、1∶250 000)
[5] DZ/T 0296—2016　地质环境遥感监测技术要求(1∶250 000)
[6] DZ/T 0151—2015　区域地质调查中遥感技术规定(1∶50 000)